パグのお茶目と5匹の猫

ときどき フレンチブルドッグ

ひぐちにちほ

中央公論新社

はじめまして。漫画家のひぐちにちほと申します。

結婚もしてないのに、大好きな古材を使って家を建てちゃって、犬猫どんどん増えて、現在パグのお茶目と5匹の猫と賑やかに暮らしております。

生後2ヵ月でひぐち家に来たお茶目は、存在自体がお茶目すぎて、名前も「お茶目」に。5匹の先住猫たちも仲間が増えるのに慣れているせいか、すんなり仲良くなってくれたし、ひぐち家全体に活気が出ました。若さって大事！

そんなお茶目のおかげでパワーアップしたひぐち家の日常でございます。

メンバー紹介

お茶目

（6歳 女子）

常に動いて遊んでいたい
元気モリモリのパグ

水玉

（15歳 女子）

基本キチッとモデル立ち。
ラスボス的存在。
べっぴんと姉妹

多喜ちゃん

（15歳 女子）

料理も掃除もできちゃい
そうなしっかり者

べっぴん

（15歳 女子）

黒と茶のサビ柄で
お手本のようなドジっ子

福ちゃん

（10歳 女子）

能天気で、怖いもの知らず。
お茶目のお世話係

もー君

（13歳 男子）

実家のフレンチブルドッグ。
毎日楽しくて笑いっぱなし。
頭の中はお花畑。
お茶目大好き片想い

親分

（14歳 男子）

一番女の子らしい
乙女系男子

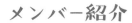

5匹の猫のなかに仲間入り

ぴっとり
くっついて
猫チャージ中

した犬のお茶目。小さい頃からまわりに猫しかいなかったせいか、お茶目は自分のことを猫だと思っています。高い場所にジャンプできないのは自分がまだ子どもだからだと思っていたのに、大きくなっても跳べない現実に悔しくてたまらない様子。

犬のオモチャより猫のオモチャで遊び、猫と遊んで猫と寝る。それなのに外見はしっかりパグ（犬）。でも散歩に行ったりお風呂に入ったり犬っぽい生活も楽しんでいるから、このまま猫っぽい犬でいいんじゃないかな。

気になるのは猫たち。お茶目のことを何だと思っているんだろうか。

自分だけ
登れなくて
悔しい

仲良くなりたい
お茶目と迷惑そうな
野良ニャンコ

お茶目は 猫ですよ!

なにやら相談中?
(モチロン猫語で)

猫たちと一緒に窓辺に並んで
ドヤ顔のお茶目

猫のつもりになっているお茶目。

とべたー!!
よいしょーっ
お茶目を時々 猫にしてあげる
サービス。

悔しくて仕方ないのが、高い場所にジャンプできないこと。腰高窓から外を眺めるニャンコチームがうらやましくて、ピョンピョン跳ねて登ろうとするのですが、モチロン無理で泣いてしまいます。

そんなとき、飼い主は黒子になり、お茶目をジャンプしたように持ち上げて、窓辺に着地させるのです！　するとお茶目はご満悦。

小さい頃は軽々持ち上げられたのですが、気づけば体重が8キロ近くに。重くて腕がプルプルするけれど、嬉しそうに猫たちと並ぶお茶目を見ると変な力が出るのです。

最近では、庭の木で鳩が巣を作って子育て中。窓からギラギラ狙う猫たちですが、お茶目は興味ありません。やっぱりパグだな、というツッコミは内緒の話♥

2羽の鳩の巣立ちを
みんなで見届けました

し、しあわせだなぁ…♥
なぅーー

締め切りが近づくと

ゆかいな仲間たちをかまってあげる時間も少なくなり、みんなの〝つまらないアピール〟がはじまります。

棚に置いてある人形やお皿を落とそうとして気をひく親分。そぉ～っと近づいて「なぅー!!」と叫ぶべっぴん。背後にぴったりくっつき、ひたすら見つめる水玉。やたらお尻を近づけて見せてくれる多喜ちゃん。福ちゃんは原稿の上に乗り、私の右手をガシッとつかんで完全に仕事をできなくするし、お茶目も最初はオモチャを私の近くに持ってきて、謙虚な〝遊んでアピール〟をするのですが、それでも描き続けていると背中をガリガリひっかいてきたり、服

ときどき顔をポコッと出して
進み具合をチェックするお茶目

仕事をはじめると
タイミングよく現れる
福ちゃん

をくわえてひっぱったり。強硬手段で作業を中断させようとしてきます。

よく仕事できてるな……と自分を励ましながらこの原稿も仕上げているのでした。

ニャンコチームが大好きなエノコログサ（猫じゃらし）の季節。

うひょー❤　っと
食いつくべっぴん。
さすがホンモノの猫！

お茶目の散歩のときに摘んで帰って猫たちにプレゼントすると、みんな大喜びでモシャモシャ食べます。見ていたお茶目もマネするようになりました。

　お茶目には、当然おいしくも楽しくもないエノコログサ。でも味とかの問題ではなく、猫たちと一緒のことをするのが嬉しくて食べているみたいなのです。

　そんなわけで散歩のときは、ニャンコチーム＋お茶目の合計6本のエノコログサをとってこなくてはいけなくなりました。だんだん旬を過ぎ、6本確保するのが難しくなってきたのですが、ワクワク待っているニャンコチーム……と、

それでも食べる
ナンチャッテ猫のお茶目

お茶目のために、エノコログサ探しの旅は続くのでした〜。

ひぐち家では、宅配便が届くと

真っ先に喜ぶのがお茶目とニャンコチームです。ちょっと忙しいから、後で箱を開けようと放置していれば、早く開けろと箱をかじり始めるお茶目。そのままにしておいたら、もう中身が何なのか見えるほどボロボロにしてくれます。

じゃあ荷物をチェックするか♪　と箱を開けると、今度はニャンコチームが中に入ってしまうので、まず猫たちを箱から出さなければ中身にたどり着けません。

ようやく荷物を取り出し、箱を片づけようとすると、猫が中で寝ていたり、そろそろ起きたかな？　と時間をおい

荷物が届くと真っ先に
開け始めるお茶目

てから覗いてみると、違う猫が寝ていたり、はたまたお茶目が寝ていたり（自称猫なので）！

そんなわけで、わが家では宅配便が届いたら、お茶目とニャンコチームが飽きるまで箱が片づかないのでした。

ひと箱届くたびにコレ。
どかしても
どかしても
がじ
がじ

箱好きのニャンコチーム
も狙っております

おおっ

お湯は
ぬるめのほうが
いい～♪

じつは

お茶目がウチに来てから私がお風呂に入れたのは1度だけです。ナゼなら歴代ワンコたちに不評だったから。私が入れるとみんな緊張するのです。

なのでお茶目をお風呂に入れるときは、実家に行って〝お風呂上手〟の父に入れてもらいます。父が「気持ちよさそうにしてるよ」と言うので、どんな顔で入っているのか覗いてみたら、そこには小さなオッサンが、それはもうウットリと湯船につかっているではありませんか！

お茶目はお風呂好きなんだね～♪　と試しに私も入れてみたところ、父のときとは別

ひぐち父の
お風呂最高♥

お〜
♥

ははぁ〜ん♫
おフロ
ジャブ
ジャブ〜
♪
お茶目
ウォシュ
ウォッシュ〜♫
ははぁ〜ん
わしゃ
わしゃ

人（犬）のガチガチに緊張しているお茶目の姿が……。お風呂の歌（作詞作曲・飼い主）を歌ってリラックスさせようとしても、余計に迷惑そうな顔をするばかり。ウチのお風呂は狭いしね……。

と、いうわけで、やっぱりお茶目のお風呂は実家で父に入れてもらうのでした。

いつもと同じ顔に見えるかもしれませんが、
これはムスッと不機嫌な顔ですよ

お茶目にとって2度目の冬。

雪にはどんな反応をするのか!? まだまだお子ちゃまなんだし、犬は喜び庭駆け回る系の反応を期待して、外に連れ出してみたところ……。

なんと! 迷惑極まりないというリアクション!! 足濡れるし冷たいし～早く家に帰りたい～と言われました。なんということでしょう!!

それともアレか、雪のコンディションがイマイチだったかしら……。もっとフカフカの雪なら楽しく遊べた?

いい歳して雪でひとりはしゃぐのは恥ずかしいけれど、ワンコと一緒なら恥ずかしくない不思議! だからお茶目にはまだまだ雪で遊んでほしい。私も一緒に楽しませてほしい! そんなわけで、また雪が降ったらお茶目を誘って雪遊びに再チャレンジしてみたいと思います♥

別に雪 楽しくないし～
でも味見はしたのね

午後の散歩は

実家のフレンチブルドッグ・もー君こと、ジェームズ百吉と一緒に行っています。人も車もほとんど通らない場所まで車で出かけ、のんびり歩くのです。もー君は、ほかのワンコには吠えたりして近寄らせないのですが、お茶目は小さい頃から一緒なので仲良くしてくれます。追いかけっこしたり、じゃれ合ったり。

ときどきもー君が「歩きたくない！」と言って動かなくなると、お茶目がまるで牧羊犬のようにもー君を誘導し動かしてくれるので、助かります。たまに別々に散歩すると、お茶目は「もー君がいないから歩かない！」と言うので困りますが、実家の両親によると、もー君も同じことを言うそうです。なのでもー君、まだまだ元気にお茶目と歩いておくれよ。頼むよ。

そんな願いも込めて、冬の散歩はお揃いの服で歩いてもらうのでした。

位置について、
よーいドン散歩〜♪

大好きな牛皮のガム。
渡したら最後……離しません!

パグは食いしん坊で有名ですが

お茶目はなんと!!　超ウルトラスーパー食いしん坊なのです!

　ゴハンのときは準備段階から大騒ぎ。秒殺で空になるゴハン茶碗（洗ったかのようにピカピカ）。人間用のご飯を作っていても、野菜を切る音ですっ飛んできます。とくにキャベツは大好物で、買い物袋のなかのキャベツに食いついていることも……。モチロンおやつも毎日欠かしません。

　こんな食べたがりのお茶目をいかにおデブにしないようにするかは、飼い主にかかっています。可愛い顔で催促されるとついつい食べさせてしまいますが、じつはコッソリ夜ゴハンを減らしているのです。なんて言いつつ、お茶目には厳しく、自分には甘い私……。ひとりで絶賛増量中なのでした。

日向ぼっこが大好き。

次はこの日向だな♡
そうそう♡

猫たちは窓辺や2階の部屋に日向を求めて移動できるけど、猫じゃないお茶目はジャンプできないし、階段も上れないため、限られたスペースでしか日向ぼっこができません。なので少しの日向も見逃さず、あちこち移動して光合成しています。次はここにお茶目が来るのではないか？と先読みして毛布やベッドを置いておき、お茶目がまんまとそこで寝てくれたときなんて、そりゃあもう小躍りが止まりません！　幸せそうに寝ている姿は、飼い主にとっても最高の幸せなのです。

お気に入りのオモチャやガムを日向に持ってきて、ひとり遊んでいるお茶目。日向を上手に使いこなすようになったなぁ……と、しみじみ思うのでした。

顔だけでも
立派な日向ぼっこ気分の
お茶目でございます

桜が満開だろうが何だろうが、
もー君との散歩が楽しいお茶目です
DOG DEPT

お茶目がウチに来て、2度目の桜です。

飼い主の自己満足なのですが、ウチの子と桜の写真はやたら撮りたいものでして……。この季節は散歩も兼ねた花見のためいろんな場所へ出かけます。しかも、桜のステキ写真を撮るのは1週間くらいが勝負。どんなに忙しくても、この散歩だけは譲れません！

なるべく自然な姿を撮りたいので、ひたすらお茶目の歩くスピードに合わせ、桜もいい感じに入れて……とシャッターを切りながら、なんとも忙しい散歩。でもナゼでしょう……桜とウチの子のいい写真が撮れると、ニヤニヤが止まらないのは♥

出不精な私がこうしてマメに出かけることができるのも、いろんな桜スポットに行けるのも、お茶目のおかげなのでした。感謝感謝♥

抜け毛の季節――。

毎日の掃除はモチロンですが、何より発生元からなんとかしなくては！　ってことでまめにブラッシングしています。嫌いなワンコ・ニャンコもいるようですが、ありがたいことにウチは全員大好き。ブラシを見せるとワラワラ集まってくるのです。

そうして集まった大量の抜け毛。捨ててしまうにはもったいなくて、羊毛フェルトの要領で人形でも作れないかとYouTubeで作り方を見ながら試したところ、なんとか猫が完成しました。

6ワンニャンの抜け毛の集大成！　でもお茶目は「食べ物じゃないから興味ない」。記念になったからいいのさ！

そんな人形
よりおやつ
ちょうだい！

100点満点の
水飲みもー君

残暑が厳しい夏の日。

撮影テーマは、涼しげな水飲みお茶目に決定！

お茶目は公園の水道から上手に水を飲めます。せっかくだから一眼レフで水一粒まで綺麗に写したい！　とシャッター速度の勉強をして挑んだ撮影散歩。

ところが、あいにく涼しい日が続きました。当然喉が渇いていていないお茶目です。いつもなら顔をビチャビチャにしながら可愛く飲むのに、頑として飲まないと言っております。

それじゃあ、と実家のもー

こちら30点。これは
これで可愛いけど

君がガブガブ飲みはじめ、それはもうバッチリいい写真が40枚も撮れました。
　このままだともー君が主役になっちゃうよ、いいんですか？　お茶目さん！
　……と言ったら、ペロンとひと口だけ飲んだとさ。チャンチャン！

天才!!
ぎゃぶ
ぎゃぶ
パチ
パチ

お茶目は果物が大好き。

こんな顔で飼い主を見つめてくれたことないよね〜

ひぐち家のある地域は果物天国。梨はお茶目の好物です。こちらが食べているのを「ひとり占め反対!!」と言わんばかりのすごい形相で見つめ、抗議の声まであげます。

お茶目にも……とテーブルに小さく切った梨を置き、「待て」をさせると、なんとも切ない顔で鼻の穴をぷくぷくさせて、「よし」待ちをするのです。

まだかな〜
そわ
そわ
……
カワイイから「よし」って
なかなか言いたくないの♡

夏はスイカ。

お茶目はスイカにも目がありません。スイカが登場すると、ただでさえ大きな目をさらに大きくして、テーブルのまわりを高速でつたい歩き。

そして「早くしろ」とでも言うように、キュンキュン鳴いて私をド突きはじめるのです。

躾がなってないぞ、親の顔を見てみたい！　あ、私か！　とひとりツッコミを入れながら、一番甘い部分をあげる甘ーい飼い主。

おいしくて涙目になっているお茶目を見ると、「おかわり！」というド突きにも、ハイハイ♥と応じてしまいます。

スイカ好きすぎて
目が落ちそう……

最近は何かとうっとり顔。

撫でるとうっとり。おやつ食べながらうっとり。カメラを向けるとうっとり……って、ほとんどその顔のお茶目しか見ていない⁉

太くて男らしい（女子だけど）眉毛なのに可愛い顔をするもんだから、そのギャップがたまらないのです♥

しかし、これって親バカなんだろうな……と思っていたある日のこと。散歩で通りすがりのおばさまに撫でてもらったお茶目。

「あら！ 可愛い！ うっとりしてるわ！ 可愛い～♥」と、至福

頭をブラッシングすると
男らしさ倍増

の顔でおばさまのハートをキャッチ！

　ご近所さんも笑顔にするなんて、お茶目のうっとり顔は地球を救うレベル!?　とは言いすぎか……。

　日々の暮らしのなかで小さな幸せを見つけるお茶目に、飼い主もうっとりです。

最高♡
うっとり♡
むに
むに

握って握ってお茶目
おにぎりのでき上がり♪

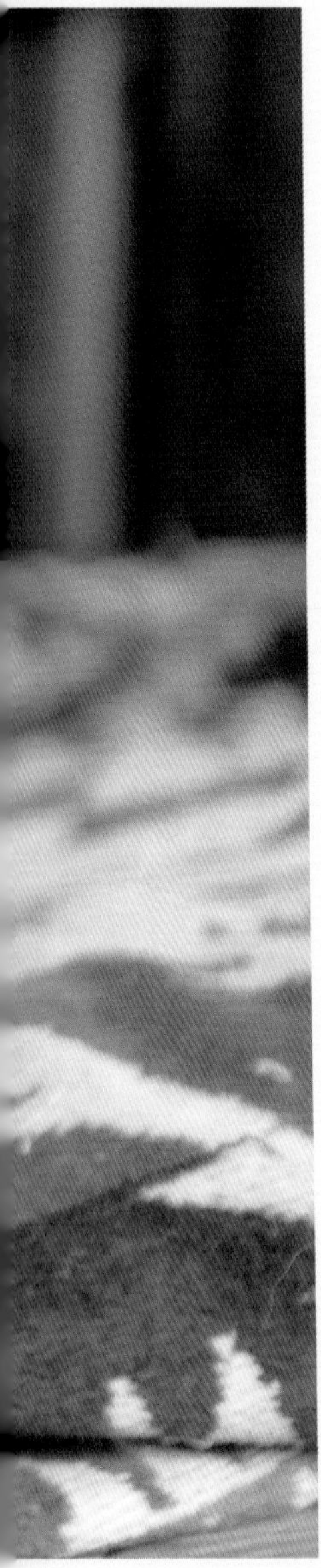

まだチビっ子だった頃

お茶目が友人からクリスマスプレゼントにもらったサンタネズミのオモチャ。お茶目はコレが大好きで、眠くなるとくわえてウトウトするのが習慣でした。

　寝るときはいつも一緒だったので、1年経ったらボロボロに。それを知った友人が、翌年も同じものを送ってくれたのです。

「よかったねー、お茶目！　ピカピカのサンタネズミだよ♪」と渡したら、なんとお茶目ってば完全無視！

　オモチャ箱をガサゴソ探ってボロボロのサンタネズミをくわえ、うっとり♥

　チビの頃からずっと一緒だったから、そっちがいいの？　いくら洗っても綺麗にならない、もうサンタなのか、ネズミなのかもわからないようなソレを、大事にくわえて今日も眠っているお茶目なのでした。

初代と一緒に寝ているお茶目に、
無理やり2代目も添えてみました

ストーブ前が大人気となるこの頃。

ストーブ隊のメンバーが朝から続々集合します。顔ぶれはほぼ決まっていて、水玉、福ちゃん、そしてお茶目です。集まれば、もめ事は起こるもの。水玉はストーブの前でゴハンを食べるのがブームなのですが、お茶目は虎視眈々とおこぼれを狙っています（ゴハン食べたのに！）。お茶目を見張るために私まで座るから、ぎゅうぎゅう状態に。

一番暖かい場所をめぐって、ちょっとしたバトルも勃発。

ほかの隊員を蹴散らし、
勝利のひとり占め寝

結局体も態度も大きなお茶目が勝つのだけど、近づきすぎて焦げそうなので、これまた見張らなくてはいけません。

そんなわけで今日も大混雑のストーブ前なのでした。

まぁでも おかげで 飼い主も ポカポカなんだケド♡
ヤケドするよー
せまっ
ぶぉー

桃、梨、林檎の木の季節です。

お茶目の散歩コースには果樹園が多く、あちこちに切られた果樹の枝が捨てられています。それをいただいてきて花瓶に飾っておくと、あら不思議！　10日くらいで花が咲くではありませんか。そうしていつもひと足お先に春が届くひぐち家です。

いい感じに咲いた桃の花。さっそくお茶目に見せたら、「食べ物!?」というリアクション……。まぁパグだから仕方ない。

「桃の花だよ、綺麗だねぇ」と教えてあげると、フガフガ匂いを嗅いだり、ペロリと舐めたり。そして食べられないとわかった途端、見向きもしてくれません。ニャンコチームに至っては、花や蕾に〝猫パンチ〟という扱い。しょうがないので、人間だけで楽しむ早めの春なのでした。

食べ物じゃないとわかった
瞬間、この顔である

3月はお茶目の誕生月。

生後2ヵ月でウチに来たお茶目。それはもう小さくて可愛くて、見ているだけで悶絶の毎日でした。そしてわかっちゃいたけど、試練の始まりでもあったのです。

子どもの頃からずっと犬が隣にいる生活でしたが、自分ひとりで子犬から育てるのは初めて。実家暮らしの間は、母が必死に世話するのを見ているだけでした。

実際子犬を育ててみると、いや〜、ホント大変ですね！お子ちゃまお茶目は、ノンストップで遊んで遊んでイタズラして、夜まで寝ずに動きっぱなし。お茶目がヘトヘトになって寝る頃には、私もヘロヘロで眠いけど、仕事はしなくちゃだし。

毎日疲労困憊でしたが、今となってはいい思い出。でもお子ちゃまお茶目が懐かしくて、もう一度子育てしたい私です。

チビお茶目が来てから、「可愛い」の
最上級「ぎゃばいい♥」を連発しています

こちらがピンクの似合うパグ
No. 1のお茶目でございます♥

春になると忙しくなるひぐち家。

仕事……ではなく散歩が！　どうせ散歩するんだったら、桜が綺麗なところに行きたい。お花見もできて一石二鳥ですから。おかげでこの時期は、毎日いろんな場所で桜を見ています。

ピンクの桜を背負ったお茶目が可愛いったらもう♥（親バカ発言）　男らしい眉毛でも女の子らしく見える桜パワー、おそるべし。

お茶目にとってはいつも通りの散歩でも、私がウキウキしているので、お茶目もつられてウキウキ♪

菜の花畑も一緒に行ってみたいし、ユキヤナギも綺麗だな。あ、あといつも行く公園の、桜の木で子育てするカラスの巣も、チェックしなければ！　あぁ、忙しい！

新しい季節の訪れを満喫できて、しかもお茶目がさらに可愛くなる春散歩。一年で一番ワクワクします。

お茶目さんっ 明日は ○○運動公園 あさっては ○△川原で お花見さんぽですよっ
忙しいですよっっ
ムホー
えっほ えっほ
オッケー♪

実家のもー君はお茶目より8つ年上。

人間でいうと、おじいちゃんと孫くらいの年の差です。

午後は一緒に散歩をするのですが、当然それぞれ歩く速度もパワーも違います。気持ちでは若いつもりでも、やっぱり若者には追いつけません。

先日足腰を痛めてしまったもー君。しばらく安静にと病院で言われ、午後の散歩はお茶目だけで行くことに。

ゆっくり歩くもー君をいちいち待たなくてもいいので、行ったことのないコースを、好きなスピードでたっぷりと歩いてきました。

でも、なんだかつまらなそう……。

4日後、もー君は足の痛みが治まり、散歩復活！

少し歩いてはバギーに乗っているのでかなりゆっくりになるけど、やっぱりもー君と一緒だと楽しそうなお茶目なのでした。

いたわって〜
競争しよー!!
もー君♡
もー君♡
どーん
どーん

お茶目は遊びたがってるけど、ちょっと休憩

私は日課としてヤクルトを飲んでいます。

ある日、空き容器を渡したところ、お茶目はペロペロ。ほんのり甘みが残っていたようで、「美味しいもの！」と頭にインプットされてしまいました。

それからというもの、私がヤクルトを手に取ると、必ずお茶目がそばで待機するように。そして、飲み終わると奪うように持ち去っていくのです。底に舌が届かないとわかり、上手に吸うことを覚えました。今では容器のくわえ方も、持ち方も、プロ級（当社比）です。

おやつの〝ヒマチー〟がしまってある場所もインプット。私が保管場所の前を通ると、もらえると思って大喜びするので近づけません。

〝ヒマチー〟こと、ヒマラヤチーズスティックは、ヤクと牛のミルクで作られていて、とても硬いおやつ。お茶目はそれをガジガジかじるのが、大好きなのです。

ヒマチーという言葉が聞こえると、お茶目がピクッと反応するので、おやつの時間以外は禁句に。天才すぎるのも困ったものなのでした。

そろそろヒマチー買わなきゃ
ボソ・・・（ひとり言）
ピクッ

ヤクルトのくわえ方選手権が
あったら、間違いなく優勝！

ガジガジ

夏になると、夕方の散歩で

いつも出かける公園があります。木陰もあって風がよく通るので、わざわざ車で来る人もいるほど、ワンコ飼いさんたちの間では、人気の場所なのです。

　そこで会うボルゾイ君が大好きなお茶目。ボルゾイ君の姿が見えると、大喜びでダッシュです。

　お茶目の5〜6倍もある大きな体、長い脚、お顔は細長くシュッとしたイケメンぶりで、私もウットリするほどかっこいい♥

　ゆったり横たわり涼んでいるボルゾイ君のそばで、くつろぐお茶目。放っておくとずーっと一緒にいるので、するべきことをさせるため（ウ〇チとか）、説得して引き離すのがひと苦労。

　結局私がイヤがるお茶目を無理やり連れ去る悪者役になり、デートは終了するのでした。

恥ずかしそうにモジモジ
しながらも、間近でウットリ

こんにちは〜
癒やし系の
乙女です

お茶目がわが家に来る前にいたのが、乙女というパグでした。

ショッピングモールの駐車場に捨てられていた数匹のパグのうち、もらい受けた一匹が乙女だったのです。

来た当時は、ガリガリに痩せていた乙女ですが、もともと食いしん坊のパグ。あっという間にムチムチに！　性格は内向的だったけど、わが家の猫たちとは仲良く楽しそうに過ごしてくれました。

でも病気で亡くなり、どうにも寂しくて、翌年迎えたのがお茶目。お茶目は人見知りをせず、ほかのワンコとも友好的で、乙女とは正反対の性格のパグでした。

ヤンチャで利発、イマドキっ子で脚が長く、女の子なのに男らしい眉毛を持った濃い

どーもー!
元気系の
お茶目でーす!

いっしょに
いるところ
見て
みたかった
なぁ・・・
お茶目
乙女

顔。乙女とあまりに違っていて、なんじゃこのパグは!
でも、そこが面白い。
パグも100匹いれば100通り。
どの子も最高なんだなぁ♥

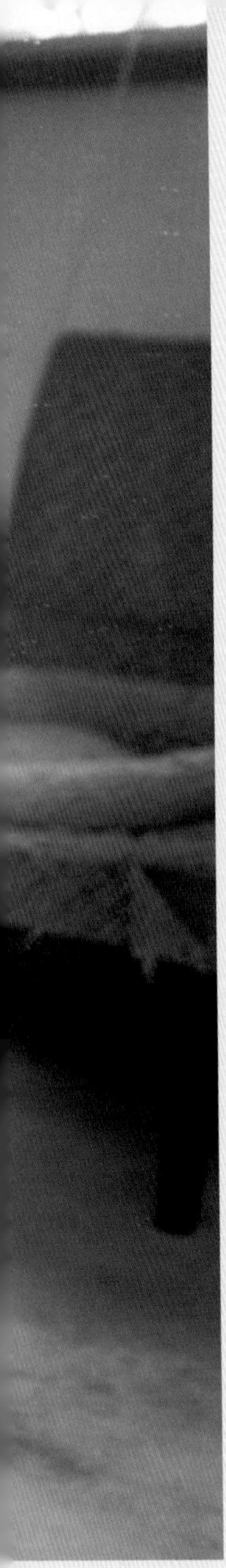

小さい頃からずっと、自分は一緒にいる猫たちと同じ姿だと思っていた……。

そんなお茶目が、初めて鏡を見たときのビックリ顔は、今でも鮮明に覚えています。自分が猫ではなく、こんなフガフガした姿だと知って、さぞかしショックなのだろうなぁ、と思っていました。

ところが！

その後のお茶目は、鏡やガラスの扉に映る自分を、まんざらでもない……いや、むしろ可愛いとすら思っているようなのです。

このナルシストめ♥

ある日、鏡を見ていたお茶目の横に並んでみたら、とても驚いて私と鏡の中の私を交互に見ている……。ん？　私が2人いると思ってる!?

もしや鏡の意味わかってない!?

どうやらお茶目は、鏡に映る自分を「面白い顔した奴だなぁ」と客観視していただけだったのでした。

なんだコイツ～
オモロイ顔～
ぷぷーっ
おまえだよっ
(心の声)

それがありのままの姿なのよ～

昔は今ほど犬の服が売られていませんでした。

なんとかして寒い冬を暖かく過ごさせてあげたい……と思案した末、編み物が好きだった私は、ワンコたち（当時3匹いた）にセーターを編もう！　と思い立ったのです。でも、犬のセーターの作り方なんて、サッパリわからなかったので、試行錯誤しながら何枚も何枚も編みました。（若さよのぉ）。

そしてウチの子にピッタリの編み方を修得！　星柄や骨っこ柄など、編み込み模様の図案も自分で方眼紙に書き起こしてみたり。小さなセーターができ上がるのが楽しくて、冬になるたび新作を編んだも

ピンクのセーター、お茶目には女の子らしすぎる？

のでした。
そんなことを最近思い出し、実家にあったそのセーターたちを持ってきて、お茶目に着せてみたところ、1着だけピッタリ♥
この冬はお茶目のために編んでみようかなぁ〜♪

先代パグたちのセーターコレクション

お茶目がお餅になって、鏡餅

土佐犬スタイルです

あけまして おめでとう ございます

お正月は、
毎年お茶目で
「お年賀」写真♪

唐草ファッションで
獅子舞お茶目

ネズミの張り子人形に
興味しんしん

鼻の姫林檎に気づく3秒前

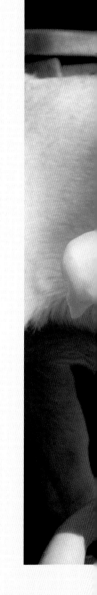

毎年雪が降ると、作りたくなる雪だるま。

しかも普通のものではなく、パグ顔の雪だるまです。目には木の実を、鼻にはウチの庭になる姫林檎を。今年も可愛くできました♪（自画自賛）

早速見せたところ、お茶目は今冬初めての雪だるまに、「何コレー！　冷た〜い」と興味しんしんです。ところがだんだん冷静になってくると、雪だるまの姫林檎にロックオン！

食いしん坊パグの勘がなせる業なのか、「コレは食べられるやつ！」と察知して、雪だるまを破壊し、姫林檎を掘り出しはじめたではありませんか！

目も鼻も取られ、あっという間にボロボロになった雪だるま。短い命だったな……。

でもいいんです。お茶目がいなかったら、いい大人が雪だるまを作ろうなんて思わなかったし、お茶目も喜んでた（？）し。

お茶目に、ときどき頑張ってもらうこと、

それは「お留守番」。私は家で仕事をしているので、長時間の外出はめったにないのですが、年に何回かは丸一日出かけることもあります。

先日、仕事の都合で遠出することになりました。留守番中のお茶目はどんな感じかな？　というか、私を待っていてくれるのかな？　それともいつも通り寝ているのかな？……気になりながら出かけました。

うしろ姿ってところが、たまらんのです♥

妹がウチの隣で喫茶店を営んでいるので、ちょいちょい様子を見にきてくれますし、猫たちもいっぱいいいて寂しくないはずなのです。

ところが妹から届いた写真には、お茶目が玄関で私を待っている姿が！　そんな写真見ちゃったら、なんとしても最終の新幹線に飛び乗るよねーー！

そして帰ると、大歓迎の洗礼を受けたのでした♥

実家のフレンチブルドッグのもー君がお空に旅立ちました。

　半年前に病気が見つかったのですが、それでもギリギリまで楽しく散歩に行っていたのです。

　お茶目がチビっ子の頃から、ずっと一緒に遊んでくれていたもー君。

　朝の散歩で実家に寄るのが日課になっていたので、毎朝お茶目が来るのをワクワク待っていてくれたもー君。

　どんどん元気がなくなり寝たきりになっても、お茶目が来ると喜んで起き上がろうとしていました。

　食欲がなくなってきたときは、お茶目がもー君の介護食をモリモリ食べてみせると、負けるもんかと一緒に食べていました。

　保護犬としてひぐち家にやって来て、毎日ニコニコ楽しそうで、見ているこちらも楽しくて。ずっとお茶目のことを大好きでいてくれてありがとうね、もー君。

もー君
おつかれさま!!
あれ？
空だ〜

もー君の笑顔は
これからもずっと最高!

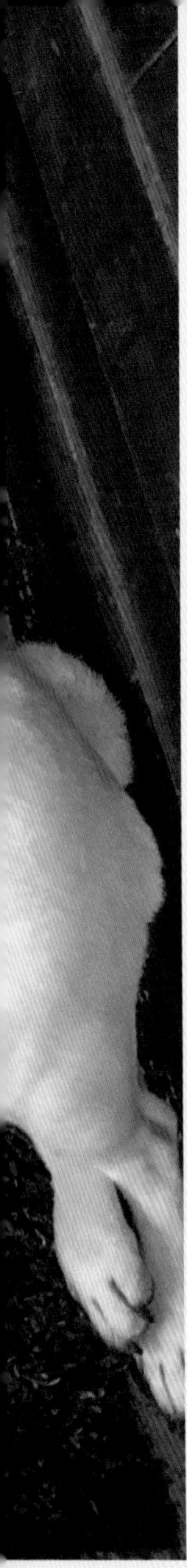

小さい頃は昼寝をせず、ずっと遊んでいました。

相手をしていると仕事にならないので、早く寝てくれないかなぁ、と困っていたものです。

そんなお茶目も大人になり、睡眠時間が増えてきました。日中ほとんど寝ているニャンコチームと一緒に、お茶目も横になっている姿をよく見るように。

それにしても、犬も、猫も、どうしてこんなに寝顔が可愛いのでしょうか。ウチの子たちのあまりの可愛さに居ても立ってもいられず、胴上げしたい衝動に駆られます。とくにパグは、イビキをかいたり、なぜかいいニオイを発したりと、オプション盛りだくさんで楽しいのです。

寝ているだけで、こんなに私の心を鷲掴みにするお茶目たち。膝の上で熟睡されると、重いし仕事しづらいけど、その寝顔のおかげで頑張れるのでした。うふふ♥

もはや、どんな寝顔も可愛く見える。

チビっ子気分で、福ちゃん
のそばに寝るデカお茶目

走り回るお茶目は今も健在！
変わったのはゴールだけ

お茶目がわが家に来てから4年が経った頃、思ったこと。

生後2ヵ月のお茶目を車で往復5時間かけて迎えにいったことも、よい思い出です。

　お茶目は覚悟していた以上にヤンチャで、ずっと暴れっぱなし。オモチャで遊んだり、猫を追いかけたり大騒ぎです。仕事をしようとすると、暴走チビお茶目が突撃してくるので、お茶目が熟睡する夜中だけが、仕事をするチャンスでした。

　でもこんなに暴れん坊な時期は今だけ……。大人になったら落ち着いてしまうんだし、この瞬間を楽しまなきゃ！　と思っていました。

　ところが！

　4年経っても、跳びはねて遊ぶお茶目がここに！　え、何？　どういうこと？　人間でいったら34歳だけど……十分大人じゃないの？

　どーんとぶつかってこなかったり、チビっ子の頃より手がかからなくなった部分はあるけど、変わらないお茶目が嬉しかったりもするのでした。

チビッ子時代
どーーん
うきゃー
うっ
受けとめるの大変
現在
あれ？
どーん☆は？
キキッ
どどどど
なんかさみしい…

ある朝、お茶目の散歩も兼ねて、父の畑へ

ジャガイモの収穫に行ってきました。早朝6時、家族総出です。ジャガイモ大好きなひぐち家。1年分の収穫量はハンパじゃありません。

　ジャガイモ掘りに初参加のお茶目。最初は何をするのかとワクワクあとをついてきましたが、すぐに「あ、これつまらないやつだ」と悟り、日陰で見学しはじめてしまいました。

　畑一面のジャガイモをひたすら掘って、土を落として乾かして野菜コンテナに入れる作業。普段使わない筋肉を使って、汗かきながらもゴロゴロ穫るジャガイモ。最高です！

　そして喉が渇くとカルピスタイム。すると、お茶目の目の色が変わり大騒ぎに。日陰でじっとしていただけなのに、うっすらカルピス味の水をごくごく飲むことといったら！

　一緒にイモ掘りした気分を味わい、大満足のお茶目なのでした。

ぷはーっ
イモ掘りサイコー♥
カルピスが〜でしょ？
びちゃ

ジャガイモだらけで歩きにくい！

散歩中に同じ犬種に会うと

テンションが上がるのは、“飼い主あるある”。でも、パグにはなかなか遭遇しません。だから、たまに会えると、とんでもなく嬉しいのです。

先日は、散歩中の夫婦のパグさんに会いました。一緒に写真を撮ると、パグだらけの一枚の出来上がり♥

同じパグなのに顔も体形も全然違う！　どの子も個性的で可愛くて、ニヤニヤしてしまいます。

一方お茶目はというと、それはもう大喜びなのです。パグ夫婦にではなく……おやつに!!　ここだけの話、お茶目はほぼワンコに興味はなく、おやつを持っている飼い主さんが好きなのです。

遠慮なく我先にとおやつに食いつくお茶目。負けるもんか！　なパグ夫婦。食いしん坊なところは変わらない。そんなパグ最高♥と見つめる飼い主たちなのでした。

おやつに一番前のめりなのが、ウチのお茶目です……

実はひぐち家には、金魚もいます。

ある日、小学生が金魚を水路に捨てようとしていたのを見かねて、友人が引き取って育てたところ、卵を産みまくり、稚魚がたくさん孵ったそうです。

金魚の赤ちゃんを見たことがなかったので、「見たい！」と言ったら、水槽から何から持って訪ねてきてくれたのでした。

そのままわが家の一員となった金魚の赤ちゃんたちは、すくすくすくと育ち、今や体長15センチを超えるジャンボ金魚に！　狭くなった水槽で、飢えた鯉のようにビチビチと餌を要求するイキのいい金魚たちに困惑する私……。

そんな金魚とまだご対面していなかったお茶目。今回会わせたところ、初めて見る生き物にビックリして目が飛び出そう！

いいリアクションをしてくれたので、大満足♪　気をよくして、さらに大きな水槽を注文したのでした。

ホ〜ラ金魚だよ♡狙っちゃダメだぞ☆
猫たちまさかの興味なし!!!
ふぉ
最初はメダカくらいだった

初めまして
金魚
ギョギョ!!

お茶目は小さい頃から抱っこが苦手。

たまにはあのムチムチボディをギュウッと抱っこしたいじゃないですか。でも、まだまだイキのいい4歳児。獲れたてのマグロのごとくビチビチ暴れて逃げるのです。

そうなるとますます抱っこしたい衝動に駆られます。ウチの両親も同じだと言うので、考えた作戦が、いっぱい遊んで疲れさせる！　というもの。

遊び倒して、やっとお茶目のスピードが落ちてきた頃合いを見計らって、母が抱っこ！　ギュウッと成功！

といってもたったの10秒で、すぐ暴れて逃げ出しましたが。でもまぁ、抱っこできないのは元気な証拠ということかな！

10秒だけ
我慢してやる。
10・9・8・7……

パグ飼い歴20年以上ともなると、

パググッズもそれなりに増えるもので……。パグはただ可愛いだけではないですから、グッズも味のあるものばかり。見つけると手に入れないわけにはいきません。

しかも私は20年もパグ漫画を描き続けている稀な漫画家であり、もはや私が集めなくて誰が集めるのだ！　という使命すら感じております。

目につく場所に飾ってあるあれこれを1ヵ所に集めてみたところ、ものすごい量になりました。自分で買ったり作ったり、プレゼントでいただいたり。改めて並べて見てみると、壮観ですね。

パグというのは実物もさることながら、さまざまなグッズにまで魅力を付加する生き物だったのだ……！

そして、パググッズと一緒に写るお茶目は、さらに可愛さが増すのでした♥

おおっ パグのくつ下♥
ポチッ
パグは中毒性あると思う。
あと コタツ はじめました。
PUG

さあ、お茶目はどこでしょう？
30Kg

秋は紅葉を見ながら散歩するのが楽しみです。

あたり一面、真っ黄色の銀杏並木。写真映えするスポットなので、撮影する人たちもたくさんいます。モチロン私もそのひとり！　お茶目と銀杏の黄色が最高に似合うものですから（親バカ）。

さすがに、これから撮るぞ、という人の前はお邪魔になるので通りません。ところが、そんなの関係ないとばかりにズンズンど真ん中を歩こうとする輩がいます……。はい、お茶目です。年に一度の散歩コースに浮かれて、空気なんて読みません。さながらお茶目のための花道！

邪魔にならないようにしつつ、いい写真も撮りたい。大忙しの飼い主なのでした。

世界で一番黄色が
似合うパグ！

春キャベツが美味しい季節。

散歩がてら、父の畑のキャベツを収穫しにいきました。キャベツが大好物のお茶目、すでに場所を把握しているので、誰よりも先に畑へ向かいます。

そして手当たり次第に丸かじり！　まだ収穫には早いキャベツもお構いなしです。泥はねのある一番外側の葉はもいで、堆肥にするために畑の隅に置いておくのですが、お茶目がくわえて走り去ってしまうので、見張り役が必須。でもその役割は私限定らしく、ちょっと目を離すと、家族から「お茶目がまたキャベツ食べてるよ！」と……。

やり口がプロ並み
（泥棒の）

素早く持ち去り、
食べて証拠を
消そうとする

キャベツ泥棒を追いかけ回しているおかげで、一番いい運動をしているのは私なのかもしれません。メデタシ、メデタシ（なのか？）。

お茶目がウチに来て5年

経った頃、チビお茶目の写真を見返していたら、福ちゃんとのツーショットのなんと多いことよ！

体重は7倍、態度は100倍
大きくなりました♥

チビお茶目の遊び相手をしてくれていたのは、いつも福ちゃんでした。生後2ヵ月の遊びざかり。1秒たりとも休ませてくれないお茶目に、よくつき合っていたなぁ、と思います。飼い主が忙しいときは、福ちゃんよろしく！と、お茶目を預けて仕事をしていたものでした。

何かとついて歩き、やることなすこと真似するものだから、お茶目は自分のことを猫だと思うようになってしまいました。

今は、福ちゃんよりずっと大きく成長したお茶目。あの頃と変わらず同じように遊ぶので、福ちゃんが壊れそうでハラハラしちゃうのでした。

食うべし、食うべし！

とうもろこしにロックオン

「お茶目もかじってみる〜？」

なんて、軽ーい気持ちで誘ってみたら……。お気に召してしまいました、とうもろこし。

最初は戸惑っていたけれど、パグの本能は「食うべし、食うべし！」。スイッチが入れば、目をムキョムキョさせて、一心不乱にかじりついていました（とは言っても消化が良くないので、飼い主の食べ残しを食べる程度ですが）。

かぶりつく口のタフタフぐあいがなんとも可愛くて、粒が歯に挟まってムグムグしている姿もおかしくて。この季

見学者はとうもろこし
のカスだらけ

萌えポイントは
お口のムニムニ

とうもろこし 食べると
歯に 挟まるよね〜

節はお茶目のこの顔を見たいがために、とうもろこしをゲットする飼い主。もちろんお茶目もワクワク待っているのでした。
　また美味しいものを教えてしまったな……。

東日本大震災後、ペット用キャリーケースを

常にリビングに置いておくようにしました。

何かあったとき、いきなり登場したキャリーケースに入れられて避難するより、日頃から使い慣れておいたほうがいい。そう思って使いはじめたのですが、今では猫のカプセルホテル的な役割を果たしております。

しかも、キャリーケースの上に毛布を載せたら、そこもベッドとして使われるようになりました。

お茶目はワンコ用のベッドで……と思いきや、ちゃっかりカプセルホテルで猫たちと寝ています。一つのキャリー

ケースにお茶目と福ちゃんがギュウギュウ入っていたり、場所の取り合いでモメていたりです。わが家の大人気スポットです。

このままカプセルホテル以外の用途で使われることがありませんように……!

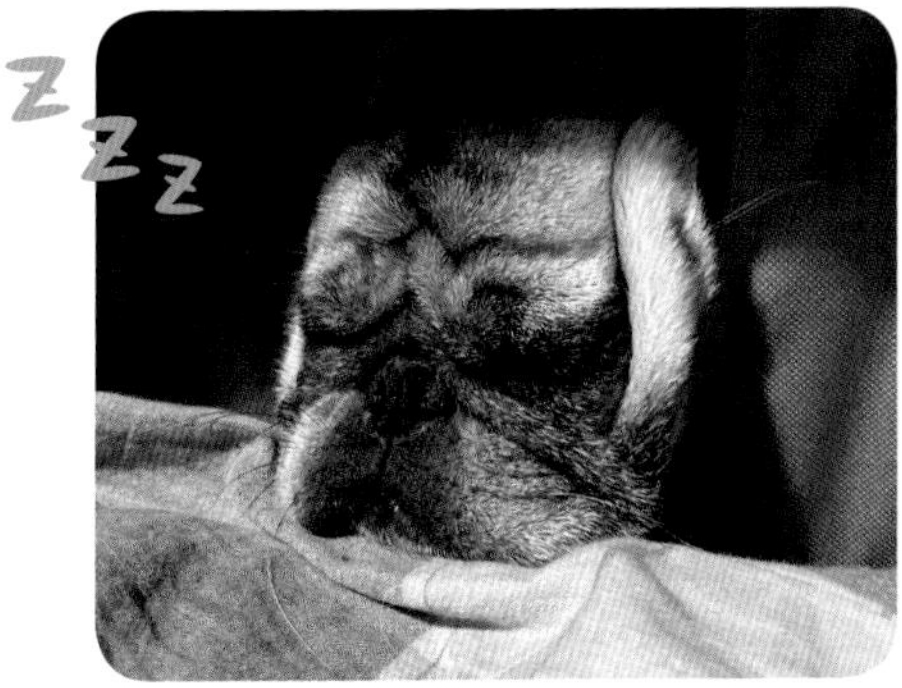
zzz

上のベッドはパグの重量ではアウトかもしれない……
Meiji

お食事中の方はそっとページを飛ばすことをおすすめします。

でも飼い主が大好きなネタでありまして……。

通称「ウ〇チングスタイル」。その名の通りウ〇チをするときのポーズがたまらんのです。パグならではの丸いフォルム、顔のシワ、いきんでいる音……。最高に可愛い。

この丸い塊に変化した瞬間、シャッターを押さずにいられなくなるのは私だけでしょうか……（私だけかな）。

ワンコとの散歩は一緒に歩くだけでも満足だけれど、意外な楽しみ方もある至福のイベントなのです。しかもお茶目は産み落としたブツで文字も書くので毎回ワクワク❤1番のヒットは「ハニー」でした。天才か！

ビロウな話を長々と失礼いたしましたー！

りんごに囲まれて、
気持ちよさそう♪

犬猫の魅力の一つに「肉球」があります。

福ちゃん「ピンクの
おっぱいもポイント♥」

　ぷりっぷりでピカピカの肉球。眺めても触っても最高。

　お茶目の場合は、ニオイ。これは嗅いでみないとわからないと思うのですが、なんとも香ばしい良い香り。仕事で疲れたときにお茶目の足を鼻に押し当てスーハーすると元気になります。

　一方、猫は毛の模様によってそれぞれ違う配色の美しさと、弾力がたまりません。こちらもネタに詰まっているときに、ぷにぷに押させてもらうと……ネタが浮かぶとは限らないけれど、テンションは上がります。

お茶目「寝てるとき肉球が香ばしい」
多喜ちゃん「野良から家猫になって柔らかく」
べっぴん「マーブル模様がオシャレ!」
親分「一度もアスファルト踏んだことがないです」

　犬猫、どちらの肉球も堪能できるなんて、私はなんて幸せ者なのでしょうか。
　そんなわけで、今日もウチの子たちのおかげで仕事頑張れてます！

唯一肉球見せない水玉さん
キチッ
水玉もようで かわいいのに
ぐぬぬ…
いつも見せてるヒト

寒い冬にはやっぱりマフラーですよね～。

お茶目の場合、自前の肉マフラーですけど！

パグという生き物は肉のたるみもチャームポイントでして。顔に向かってちょっと寄せて上げただけで、もふもふでムチムチなマフラーの出来上がり！

でも、こんなにあったかそうなお肉を巻きつけておりますが、パグは寒がりです。なのでコタツに大喜びで入っていくし、ストーブの前も猫たちと陣取り合戦しています。

この肉、何のためにあるんだよ！　とツッコミたくなり

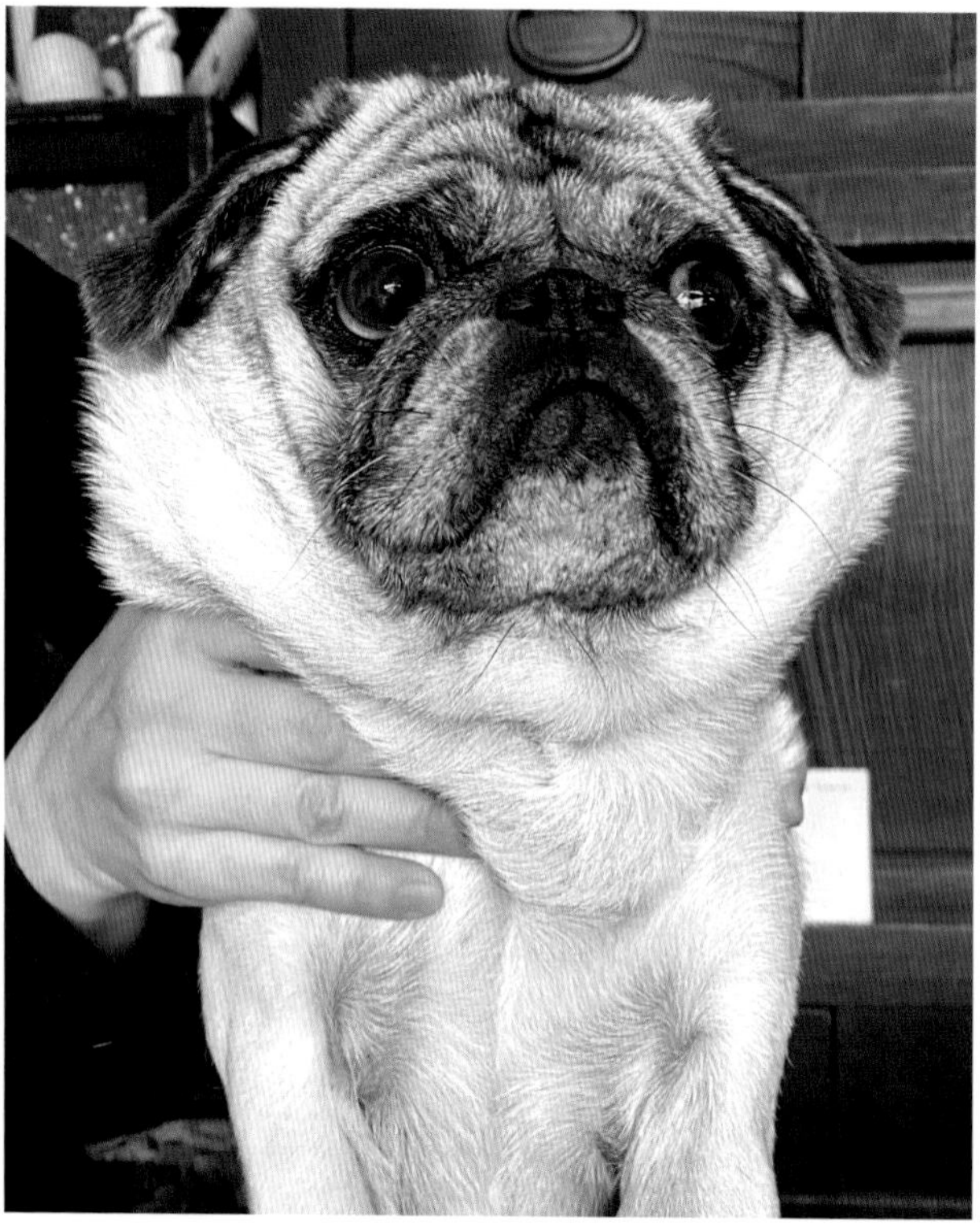

今年は肉マフラー２段仕立ての
ような気がするのはナイショの話

そろそろ機種変しようか…
スマホに
昔のケータイみたいなお肉の時も。
ぶ厚い
むち
もしもし寝

ますが、可愛いからいいんです！　これがパグなのです！

でもお茶目は体重が増えてしまったので、肉マフラーも去年よりボリューミーで、ゴージャスな貴婦人仕様になってしまいました。ダイエットしなくては。飼い主も一緒に……ね。

あとがき

ひぐち にちほ。

ポ
ポ
みなさまのおかげで本になりました!!
ワッショイ
ワッショイ
ありがとうございます!!
うれしくて胴上げ
ひぐち家の日常が
ファイ!!
ムリ〜!!
なにかのお役に立ちますように…♡

ひぐちにちほ

1989年漫画家デビュー。『別冊フレンド』にてパグ漫画「小春びより」を連載中。近刊に『結婚する予定もないから、好きなように家建てちゃいました。』など。『婦人公論』にて「ひぐちさんちのお茶目っ子日記」を2016年より連載中。

パグのお茶目《ちゃめ》と5匹《ごひき》の猫《ねこ》 ときどきフレンチブルドッグ

2021年3月25日　初版発行

著　者　ひぐちにちほ
発行者　松田陽三
発行所　中央公論新社
〒100-8152　東京都千代田区大手町1-7-1
電話　販売：03-5299-1730　編集：03-5299-1740
URL　http://www.chuko.co.jp/

ブックデザイン　山影麻奈
DTP　平面惑星
印刷・製本　共同印刷

本書は『婦人公論』2016年2月9日号〜20年12月22日-21年1月4日合併号掲載「ひぐちさんちのお茶目っ子日記」を編集したものです。

Printed in Japan　ISBN978-4-12-005416-7 C0095